Caroline F. Farias

# TURBINAS DE ÁGUA AMIGÁVEIS PARA PEIXES: conceção e avaliação

Caroline F. Farias

# TURBINAS DE ÁGUA AMIGÁVEIS PARA PEIXES:
## conceção e avaliação

ScienciaScripts

Cover image: www.ingimage.com

This book is a translation from the original published under ISBN 978-620-2-01432-8.

Publisher:
Sciencia Scripts
is a trademark of
Dodo Books Indian Ocean Ltd. and OmniScriptum S.R.L publishing group

120 High Road, East Finchley, London, N2 9ED, United Kingdom
Str. Armeneasca 28/1, office 1, Chisinau MD-2012, Republic of Moldova, Europe
Printed at: see last page
**ISBN: 978-620-7-68555-4**

# ÍNDICE DE CONTEÚDOS

## RESUMO

Frequentemente, as centrais hidroeléctricas são apresentadas como benignas para o ambiente, em especial os sistemas de pequena escala a fio de água, por terem sido concebidas para manter um regime de fluxo natural. No entanto, os investigadores têm sublinhado que mesmo estes sistemas podem ser prejudiciais para o ambiente, uma vez que a maioria dos danos causados às pescas nas turbinas hidráulicas se deve a golpes e ferimentos nas pás. A fim de melhorar a sobrevivência dos peixes através da turbina, este estudo tem como objetivo conceber uma turbina hidráulica de baixa queda, a fio de água e amiga dos peixes, que utiliza um vórtice de água livre para extrair a energia da água numa micro-hídrica e avaliar o seu desempenho utilizando a dinâmica de fluidos computacional.

Palavras-chave: Micro-centrais hidroeléctricas. A fio de água. Favorável aos peixes. Dinâmica de fluidos computacional.

1- Estudante de pós-graduação em Engenharia de Energia na Universidade Federal de Santa Catarina, Brasil. E-mail: farias.caroline@hotmail.com

Este livro é dedicado aos meus pais Álvaro Miguel Farias, Catia Regina Fernandes Farias e ao meu irmão Alencar Fernandes Farias. Amo-vos incondicionalmente.

## AGRADECIMENTOS

O autor agradece ao Prof. Dr. Leonardo Elizeire Bremermann e ao Prof. Dr. Cesar Cataldo Scharlau pelos conselhos, apoio e paciência ao longo deste estudo; à Universidade Federal de Santa Catarina (UFSC) pelo acesso às bibliotecas digitais IEEE e Science Direct; à Universidade de Nottingham e ao Dr. Arthur Williams, por todo o apoio e conselhos para a realização deste projeto. O autor também gostaria de agradecer ao programa brasileiro Ciência sem Fronteiras que patrocinou esta pesquisa.

Acima de tudo, o autor está profundamente grato pelo apoio recebido da família que esteve sempre presente em qualquer circunstância. Os meus pais, o meu irmão, os meus avós, os meus tios e tias, os meus primos e primas. A Cláudia e os meus afilhados. Obrigada a todos por me apoiarem.

Um abraço especial à família ENEjr, por toda a amizade e apoio. Também a todos os meus amigos queridos que sempre e sem dúvida acreditaram no meu potencial. Um agradecimento especial aos amigos: Amanda, Angelo, Marcus, Marina, Leonardo, Pedro, Juliana, Joana, Joao Victor, Joao, Felipe, Vinicius, Bruno, Mathias, Kabian e Gabriel pelo apoio e fraternidade.

"Ao longo dos séculos, houve homens que deram os primeiros passos em novas estradas armados apenas com a sua própria visão."

Ayn Rand

# 1. INTRODUÇÃO

A energia hidroelétrica é uma das principais fontes de energia no domínio das energias renováveis. O seu objetivo é produzir eletricidade através do aproveitamento do potencial hidráulico existente num rio. Frequentemente, as centrais hidroeléctricas são apresentadas como benignas para o ambiente. Em particular, os sistemas a fio de água de pequena escala, que foram concebidos para manter um regime de caudal natural. Este modelo limita-se a desviar uma parte do caudal do rio através de turbinas e a devolver a água a jusante (Agência Internacional da Energia, 2012).

No entanto, este tema é atualmente controverso. Os autores avaliaram os impactos que a energia hidroelétrica pode causar no ambiente aquático. Salientam que mesmo os sistemas a fio de água com baixa queda podem ser prejudiciais (Deng, et al., 2006, Halls e Kshatriya 2009, Larinier 2001, Odeh 1999).

Os sistemas a fio de água podem causar alterações na estrutura das populações de peixes, na alteração do habitat, na perda de habitats críticos de desova e de viveiro, na diversidade biológica, na modificação da qualidade da água e dos regimes hidrológicos, na barreira à migração dos peixes e na perturbação da conetividade longitudinal que ameaça as populações de peixes. No entanto, a maioria dos danos causados ao ambiente pelas turbinas hidráulicas deve-se ao embate das pás e a ferimentos (Robson, Cowx e Harvey, 2011). Preocupados com a sobrevivência dos peixes através da turbina, foram concebidas novas turbinas com o objetivo de tornar as centrais hidroeléctricas modernas mais sustentáveis e respeitadoras do ambiente.

Assim, o principal objetivo deste estudo é compreender os parâmetros favoráveis aos peixes e, em seguida, conceber uma turbina de água de baixa altura, a fio de água, favorável aos peixes. A turbina funcionará num vórtice livre, para extrair a energia da água. O fluido será canalizado para um tanque em espiral, para criar um vórtice livre, e a hélice será instalada no centro do vórtice. O vórtice evitará a cavitação, que pode ser mortal para os peixes, e pode acelerar a água em direção à turbina para aumentar o seu desempenho.

Os objectivos deste estudo incluem a modelação e o projeto de uma turbina de eixo vertical e de rotor fixo. Respeitando parâmetros, da literatura, para evitar a mortalidade de peixes. Concluindo o projeto, será apresentada a melhor geometria para as pás do aerofólio, detalhes da geometria da hélice. A avaliação teórica do desempenho da turbina no vórtice, e seu comportamento em um local real, será fornecida, usando a dinâmica de fluidos do computador.

Este estudo teve início durante o período de intercâmbio, onde foi realizado na Universidade de Nottingham, patrocinado pelo Ciência sem Fronteiras, e concluído na Universidade Federal de Santa Catarina. A dissertação inclui uma revisão da literatura na seção 2, a seção 3 apresenta a metodologia, seguida do projeto proposto na seção 4, resultados e discussão na seção 5. Por fim, são apresentadas a conclusão, as referências e os apêndices.

# 2. REVISÃO DA LITERATURA

Nesta secção será apresentada a revisão da literatura, que abrange os estudos recentes sobre o tema. Serão também definidos os parâmetros quantitativos que podem caraterizar uma turbina amiga dos peixes.

## 2.1 Centrais hidroeléctricas

A água como fonte de energia mecânica tem sido utilizada há milénios em todo o mundo. No entanto, só no século XIX, quando os moinhos de água foram acoplados a geradores eléctricos, a água começou a ser utilizada como fonte de energia eléctrica. De repente, as centrais hidroeléctricas (HPPs) tornaram-se populares a partir do século XX, para fornecer energia a partir de centrais próximas para centros de carga (Agência Internacional de Energia, 2012).

Atualmente, as centrais hidroeléctricas podem ser divididas em cinco grupos que dependem da potência que podem gerar. A microHE deve denominar os aproveitamentos com potência inferior a 75kW, a miniHE para potências entre 75 e 1.000 kW, a pequena para 1000 e 10.000 kW, a média entre 10.000 e 150.000 kW e a grande para potências superiores a 150.000 kW.

Além disso, os sistemas hidroeléctricos a fio de água caracterizam-se por manter o caudal natural, evitando a construção de uma barragem. Geralmente, são instalados próximos à superfície do rio. Essas usinas geram energia a partir do fluxo de água e podem ser uma opção para reduzir o impacto ambiental causado pelas barragens e sua construção (Faria, 2012). A Figura 2.1 apresenta um esquema de uma microcentral eléctrica a fio de água.

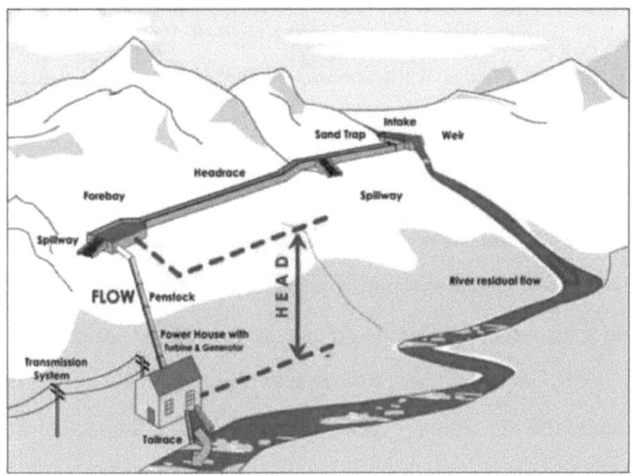


Figura 2.1 - Esquema a fio de água

Atualmente no Brasil as Usinas Hidrelétricas de Belo Monte (PA), Santo Antônio (RO) e Jirau (RO) são alguns exemplos de aproveitamentos a fio d'água. A usina de Belo Monte, instalada no rio Xingu (PA), possui 18 turbinas Francis e 6 turbinas bulbo na casa de força complementar. Esta usina possui apenas um pequeno reservatório de água durante as cheias. No período de estiagem, ela não estoca água para não comprometer a vazão volumétrica a jusante do rio. Essas medidas visam manter uma vazão mínima no rio durante o ano, reduzindo o impacto ambiental com uma menor área inundada e não interferindo nas atividades de pesca da região. Belo Monte possui uma relação entre área alagada e energia gerada, igual a 0,04 $Km^2$ ZMW (Eletrobras, 2015).

A UHE Jirau, instalada no rio Madeira (RO), pode gerar 3.750 MW em plena capacidade. Este aproveitamento possui 50 turbinas bulbo e é a maior usina turbina bulbo do mundo. Tem uma relação entre área inundada e potência gerada igual a 0,07 Km2/MW. Também em construção no rio Madeira (RO), a usina de Santo Antônio possui 50 turbinas Kaplan. A usina tem a menor relação entre área alagada e potência gerada, em toda a Amazônia, que é de 0,03 km2/MW. Para efeito de comparação, Itaipu, a maior hidrelétrica do mundo, tem capacidade de 14.000 MW com 20 turbinas Kaplan. No entanto, a área inundada corresponde a 1,35 milhão de quilômetros quadrados, gerando um coeficiente de 0,1 km2/MW (Eletrobras, 2015).

Estes coeficientes mostram que os sistemas a fio de água são mais respeitadores do ambiente do que as centrais hidroeléctricas tradicionais, no que diz respeito à área inundada.

## 2.2 Questões ambientais

A hidroeletricidade apresenta várias vantagens em relação à maioria das outras fontes de energia eléctrica. Promove a segurança energética e a redução dos preços pagos pelo consumidor final devido a um excelente índice de custo e eficiência. No entanto, questões ambientais têm sido identificadas no desenvolvimento da energia hidrelétrica, incluindo a qualidade da água, espécies migratórias e impactos na biodiversidade (Eletrobras, 2015).

Os sistemas hidroeléctricos a fio de água são considerados mais amigos do ambiente e da sociedade do que os sistemas hidroeléctricos tradicionais, devido ao facto de os seus impactos serem muito menos graves. Estes impactos restringem-se maioritariamente ao ambiente aquático e muitas vezes limitam-se à pesca (Robson, Cowx e Harvey, 2011). De um modo geral, os projectos a fio de água não alteram o fluxo natural do rio. Este aspeto permite preservar e sustentar o desenvolvimento de espécies migratórias no rio. No entanto, o sistema fluvial é alterado, dando origem a troços de caudal reduzido entre a tomada de água e o emissário. Espécies migratórias como salmões, enguias, lampreias e trutas devem ter livre passagem ao longo do rio, o que pode ser interrompido por estruturas de represamento. Estas barreiras criam condições diferentes às quais o biota nativo não está habituado. Alguns peixes são muito sensíveis a mudanças em seu habitat natural, causando o desaparecimento e a decadência da população dessas espécies (Robson, Cowx e Harvey, 2011).

O Brasil possui a maior diversidade de espécies de peixes migratórios, aproximadamente 3.000 espécies, um quarto do total mundial. No entanto, a sobrevivência dessas e de outras espécies e a atividade pesqueira têm sido ameaçadas, devido à construção de usinas hidrelétricas no curso de suas rotas migratórias. Um estudo realizado em Itaipu, no rio Paraná, em 1989, comprovou que 6 espécies de peixes foram extintas após a construção da usina (Agostinho, Jûlio e

Borghetti, 1992). De acordo com a lei federal brasileira de crimes ambientais (Lei 9.605 de 13/02/98) a mortandade de peixes é considerada dano à fauna silvestre e crime ambiental. Ela justifica a necessidade de mitigar os impactos ambientais sobre as populações de peixes causados pelas hidrelétricas em todo o território nacional (Abel, 2010).

## 2.3 Modelos de turbinas

As turbinas são equipamentos cujo objetivo é converter a energia do fluxo (hidráulico) em trabalho mecânico. Estes equipamentos são constituídos por um distribuidor, um rotor, um tubo de aspiração e a carcaça (ou voluta). Como parte da instalação de uma máquina deste tipo pode ainda destacar-se o reservatório, o tubo forçado e o canal de fuga. Esta forma de classificação tem em conta a variação da pressão estática. Os principais tipos de turbinas podem ser divididos em turbinas de impulso e turbinas de reação.

### 2.3.1Turbinas de impulso

Neste grupo, a pressão estática permanece constante entre a entrada e a saída do rotor. O tipo predominante de máquina de impulso é o modelo Pelton, que é adequado numa gama de alturas de 150-2.000 m, Turgo que é adequado na mesma gama de alturas que Pelton e Michell-Blanki adequado entre 10 e 60 metros (Massey, 1998). Estas turbinas estão representadas na Figura 2.2.

Também designada por roda Pelton, recebeu o nome do engenheiro americano Lester Allen Pelton (1829-1908) que a patenteou em 1880. A sua forma é muito semelhante à das antigas rodas de água utilizadas nos moinhos. Possui um bocal como distribuidor, que é uma forma adequada de conduzir a água até às pás do rotor. As turbinas podem ter um, dois, quatro e seis jactos. No interior do bocal existe uma agulha para regular o caudal. O rotor tem uma série de pás em forma de concha dispostas na periferia, que fazem rodar o rotor.

Possui também um deflector de jato, que intercepta o jato, desviando-o das pás, quando se verifica uma diminuição violenta da potência exigida pela rede eléctrica.

Nesses casos, deve-se considerar o acionamento do defletor ao invés de reduzir a vazão pelo uso da agulha, pois a ação rápida da agulha pode causar uma sobrepressão no bocal, nas válvulas e ao longo da tubulação forçada. Para além do deflector, algumas turbinas Pelton de alta potência têm um bocal dirigido para a parte de trás das pás, para se ativar na travagem.

  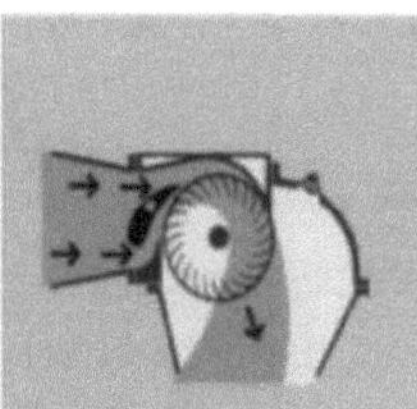

Figura 2.2- Turbinas Pelton (esquerda), Turgo (centro) e Michell-Blanki (direita)

As turbinas Pelton são recomendadas para quedas elevadas, para as quais a descarga é normalmente reduzida, uma vez que a captação se efectua a altitudes em que o caudal é ainda pequeno. Por serem de fabrico, instalação e regulação relativamente simples, são também muito utilizadas em micro-usinas e explorações agrícolas.

### 2.3.2Turbinas de reação

As turbinas de reação são caracterizadas pela utilização da pressão e da energia cinética da água. O fluido de trabalho entra num invólucro em espiral que envolve o rotor, preenchendo completamente as passagens no rotor. Estas turbinas são também compostas por uma voluta e por palhetas de guia estacionárias instaladas na periferia do rotor, que direccionam o fluido para o rotor. Estas turbinas podem ainda ser divididas em dois tipos principais: as de fluxo radial ou misto e as de fluxo axial (Massey, 1998).

As turbinas Francis são mais frequentemente utilizadas em caudal radial. Esta turbina recebeu o nome do engenheiro inglês James Bicheno Francis (1815-1892) que a concebeu em 1848. Foi o resultado do aperfeiçoamento da turbina Dowd, patenteada em 1838 por Samuel Dowd (1804-1879). Trata-se de uma turbina de reação, com um rendimento da ordem dos 90%. Utilizada para alturas de 20 a 700 m, esta vasta gama de aplicações faz dela o tipo de turbina mais utilizado no mundo. Nesta turbina, o rotor está dentro do distribuidor, de modo que a água, ao atravessar o rotor, aproxima-se do eixo. Existem vários formatos possíveis de rotores, e estes dependem da velocidade específica da turbina, pelo que esta pode ser classificada em: lenta, normal, rápida ou extra-rápida. O distribuidor possui um conjunto de pás dispostas em torno do rotor, que podem ser orientadas durante o funcionamento, assumindo ângulos adequados em relação às descargas, de forma a reduzir as perdas hidráulicas. As pás do distribuidor têm um eixo de rotação paralelo ao eixo da turbina, podendo, ao rodar, maximizar a secção de escoamento ou fechá-la totalmente.

As turbinas Kaplan, com rotor de pás ajustáveis, são o principal tipo de máquinas utilizadas em fluxo axial. Esta turbina tem o nome do engenheiro austríaco Victor Kaplan (1876-1934) que a concebeu em 1912. Foi o resultado do aperfeiçoamento da turbina a hélice. Ao contrário das turbinas de hélice, cujas pás são fixas, no sistema Kaplan elas podem ser orientadas através da variação da inclinação das pás, com base na descarga. A conceção básica das turbinas Kaplan e Francis é apresentada na Figura 2.3 (Massey, 1998).

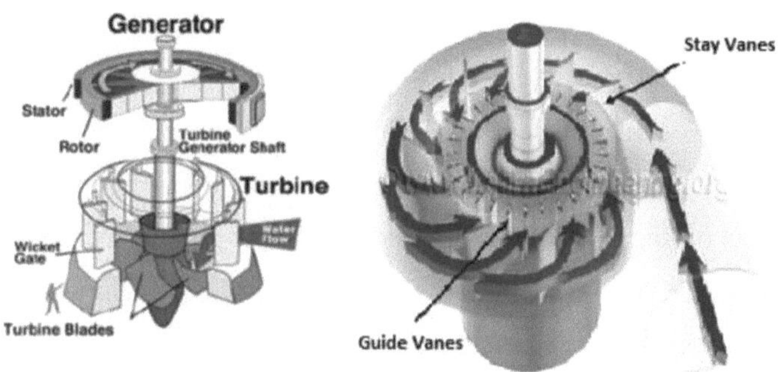


Figura 2.3- Turbina Kaplan e Francis. Fonte: Deng, et al., 2006

Outros modelos que podem ser utilizados com caudal axial são as turbinas tubulares, bulbo e Straflo. Quando a queda de água é muito pequena, não é possível utilizar turbinas Kaplan, o que levou ao desenvolvimento de turbinas de hélice com eixo horizontal, ou com pequena inclinação.

Este tipo de turbina é aplicado em centrais eléctricas a fio de água e em centrais de marés.

- Turbina tubular: O rotor, com pás fixas ou reguláveis, é colocado num tubo onde corre a água. O eixo, horizontal ou inclinado, acciona um alternador externo ao tubo.
- Turbina de bolbo: Trata-se de uma evolução da tubular, em que o rotor tem pás orientáveis e existe um bolbo colocado no interior do tubo de entrada de água, que contém um sistema de transmissão por engrenagens, que transmite o movimento do veio da hélice ao alternador.
- Turbina Straflo: é uma turbina de fluxo retilíneo de baixo caudal. O indutor do alternador é colocado na periferia do rotor da turbina formando um anel articulado nas pontas das pás da hélice, que podem ser de passo variável, semelhantes às da turbina Kaplan.

### 2.3.3 Novos modelos de turbinas

Para proteger as pescas e evitar o desaparecimento e a decadência das populações de peixes, o Reino Unido considera que o maior problema para estes peixes nas instalações hidroeléctricas são as lesões e a mortalidade de ovos, larvas, juvenis e peixes adultos que passam pela turbina (Deng et al., 2007).

A Agência do Ambiente publicou em 2013 as "Orientações para a energia hidroelétrica a fio de água". Resume-se que as turbinas amigas dos peixes devem aumentar o raio do rotor, a fim de reduzir a pressão de impacto sobre os peixes, maximizar o tamanho das passagens de fluxo, utilizar menos pás para minimizar o número de bordos de ataque, evitar a cavitação, reduzir a tensão de cisalhamento e permitir que as pressões mínimas dentro da turbina caiam para não menos de 0,6 bar (Environment Agency, 2013).

Os peixes são vulneráveis a lesões quando passam através da turbina, devido a alterações de pressão, tensão de cisalhamento, turbulência, golpe, cavitação e trituração. No entanto, a maioria dos danos causados nas pescarias resulta do contacto direto entre o peixe e o bordo de ataque de uma lâmina de turbina, caracterizado pelo golpe da lâmina (Deng, et al., 2006).

Larinier (2001), mostra que a taxa de mortalidade de juvenis de salmões a jusante através de turbinas Francis é de 5 a 90% e através de turbinas Kaplan é de 5 a 20%, dependendo da roda, das condições de operação, da altura e do tamanho dos peixes. O autor apontou que a razão pela qual a turbina Francis tem uma mortalidade média maior do que a turbina Kaplan deve-se ao facto de a Francis trabalhar com uma queda mais elevada (Larinier, 2001). Outra pesquisa realizada por Halls e Kshatriya (2009), afirma uma estreita correlação entre o comprimento dos peixes e a probabilidade de morte causada pelo choque das pás, como mostra a Figura 2.4. A expetativa é de que não haja sobrevivência para peixes maiores que um metro que passem pela turbina.

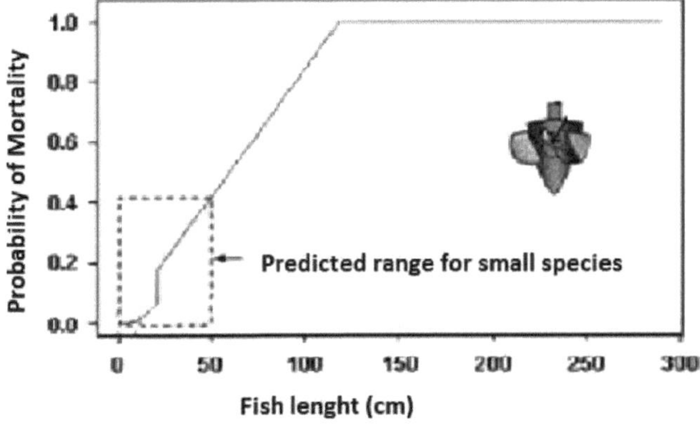


Figura 2.4 - Probabilidade de morte causada por golpe de lâmina. Fonte: Halls e Kshatriya, 2009

Larinier (2001), também acentua a importância do projeto da turbina, características como o tipo de cabeça, o número de pás e a velocidade de rotação podem ser cruciais para a sobrevivência dos peixes. No entanto, o autor não fornece dados numéricos para informar até que ponto uma turbina se torna perigosa para os peixes.

Os mecanismos de lesão e mortalidade dependem da zona onde os peixes atravessam a turbina. Se essa zona estiver à volta da pá, o peixe sofrerá lesões devido ao choque com a pá. A lesão também depende do tamanho do peixe, do número de pás e do seu espaçamento, da velocidade da turbina, da velocidade do caudal e da descarga. No entanto, a quantificação exacta das fontes de lesão e mortalidade dos peixes através da turbina é um desafio devido à falta de experiências controladas (Odeh, 1999).

Os critérios de projeto que Odeh (1999), considera para que as turbinas sejam consideradas amigas do ambiente são: altura manométrica entre 23 e 30 metros; um caudal volumétrico de 28,3 $m^3$ /s; velocidade do rotor periférico inferior a 12,2 m/s; a taxa de variação da pressão deve ser inferior a 80 psia/s (o autor assume que a lesão dos peixes ocorre a 160 psia/s); a folga entre o rotor e os componentes fixos da carcaça da turbina de 2 mm ou menos e também o valor limite do indicador de tensão de cisalhamento identificado como 450 pés/s/pés. Acredita-se que valores acima de todas estas taxas causam mortalidade. O autor propõe que uma velocidade do rotor periférico inferior a 6 m/s pode eliminar o ferimento por embate e que 12,2 m/s pode ser considerado o ferimento mínimo por embate. O projeto final proposto por Odeh (1999) é mostrado na Figura 2.5, é um corredor de eixo vertical com duas pás, 5,3 metros de diâmetro, trabalha com uma cabeça de 25 m e velocidade do corredor periférico de 19 m/s, valor maior do que o proposto para aumentar a eficiência.

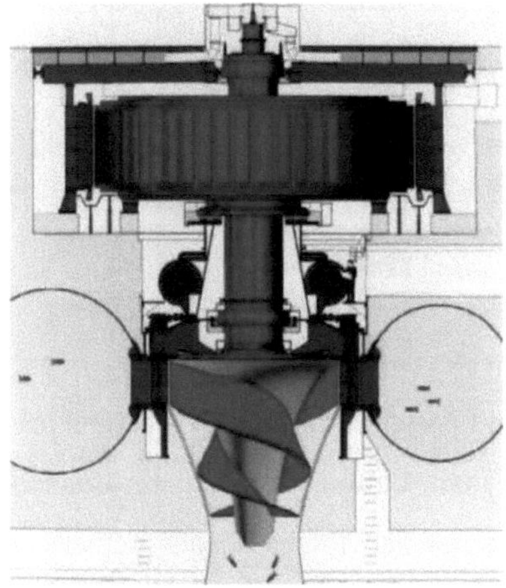

Figura 2.5 - Novo projeto de turbina. Fonte: Odeh (1999)

Ploskey e Carlson (2004) utilizam um modelo matemático para prever o embate de pás em turbinas Kaplan. Este modelo tem em consideração a geometria das pás da turbina, a descarga, o comprimento dos peixes, a orientação e a distribuição ao longo do rotor. As suas previsões mostraram que a probabilidade de choque das pás aumenta com a diminuição da descarga. No entanto, não se verificou uma correlação significativa com as estimativas empíricas de lesões ou mortalidade. A orientação com que o peixe atravessa a turbina pode explicar a razão deste desacordo. A probabilidade de lesão é maior se o peixe entrar na turbina com um ângulo de 90° do que com 30°, em relação ao bordo de ataque da pá. O aspeto em que o peixe é apresentado ao bordo de ataque pode ser um fator importante para colmatar a falta de informação biológica sobre a sobrevivência dos peixes (Ploskey e Carlson, 2004).

A fim de evitar a mortalidade dos peixes, foram desenvolvidas novas tecnologias ao longo dos anos. Como primeiro exemplo, a turbina de parafuso de Arquimedes, que funciona com uma velocidade de rotação lenta, forças de cisalhamento extremamente baixas e sem alterações de pressão. No entanto, estes sistemas são considerados pouco económicos e têm desvantagens devido às suas grandes dimensões (Robson, Cowx e Harvey, 2011). A turbina de parafuso de Arquimedes pode ser vista na Figura 2.6.

Recomenda-se a utilização de parafusos de Arquimedes, 3 a 5 lâminas e uma velocidade da ponta não superior a 3,5 m/s. Velocidades superiores a 4 m/s causariam lesões nos peixes com mais de 2 kg e nos peixes com menos de 4 kg a velocidades até 3,5 m/s. A maior probabilidade de embate das pás ocorre com 3 pás, a uma velocidade de rotação entre 35 e 45 rpm (Kibel e Coe, 2011).

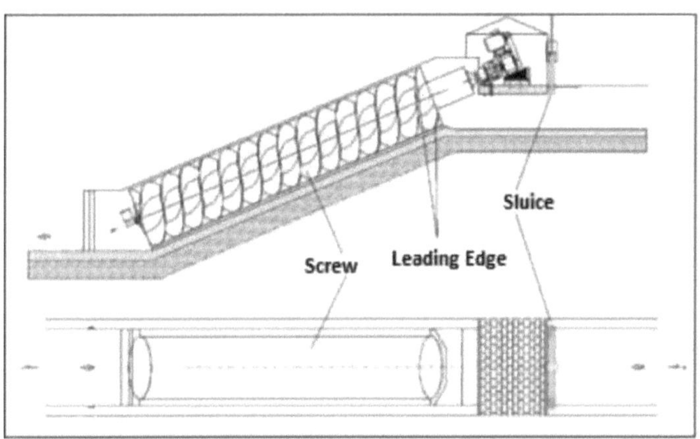


Figura 2.6 - Parafuso de Arquimedes. Fonte: (Kibel e Coe, 2011)

Com o objetivo de reduzir os danos causados às populações de peixes no Reino Unido, a Environment Agency (2013) declarou que os parafusos de Arquimedes devem ter uma velocidade máxima de ponta inferior a 5 m/s e/ou um diâmetro superior a 5 m.

Um outro exemplo de nova tecnologia é a central eléctrica de vórtice gravitacional, que será abordada na secção seguinte. No entanto, independentemente da dimensão ou da tecnologia, os projectos hidroeléctricos devem ser concebidos e explorados de modo a reduzir e compensar os impactos no ambiente e nas populações locais.

## 2.4 Central eléctrica de vórtice de água por gravitação

As centrais eléctricas de vórtice de água gravitacional (GWVPP) foram recentemente estudadas e melhoradas para reduzir os danos ambientais em pequenas centrais hidroeléctricas. Esta nova tecnologia é caracterizada pela utilização da energia de um grande vórtice de água que é criado artificialmente por uma pequena diferença de queda num rio (Mulligan e Hull, 2010).

Para criar um vórtice, a água do rio é canalizada para uma entrada direta num tanque de circulação. Sequencialmente, no fundo da bacia, a água passa por um tubo na saída, retornando ao rio (Dhakal et al., 2014). A turbina deve estar localizada no centro do vórtice para funcionar devido à energia cinética de rotação (Yaakob, et al., 2014). O projeto básico é apresentado na Figura 2.7.

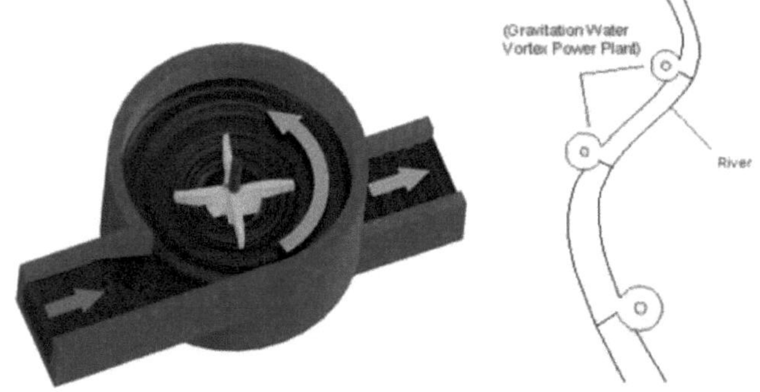


Figura 2.7 - Vórtice Gravitacional de Água e Usina de Energia. Fonte: ZOTLOTERER, 2006

O engenheiro austríaco Franz Zotloterer construiu uma central eléctrica de vórtice de água gravitacional de baixa altura que funciona com uma turbina coaxial que converte a energia cinética em velocidade de rotação para alimentar o gerador. As vantagens ecológicas, destacadas pelo engenheiro, incluem água limpa a jusante, arejamento natural da água e passagem livre para os peixes em ambos os sentidos através da turbina, devido à sua baixa velocidade. A Tabela 1 apresenta os dados técnicos da IOkW-GWVPP (Zotloterer, 2006).

A ideia da GWVPP baseia-se nos princípios utilizados por Viktor Schauberger (1930). O inventor propôs uma máquina hidroelétrica, que utiliza um tubo de jato para criar um vórtice de água, em que a energia de um jato de água pode ser utilizada para fins de produção de energia (Callum Coats, 1996). A corrente de vórtice de água ocorre sempre a baixa altura da água quando há dois fluidos homogéneos a interagir na fronteira, normalmente água e ar (Wanchat et al., 2013).

Tabela 1: Central eléctrica de vórtice de água gravitacional Zotloterer

| | |
|---|---|
| Cabeça | 1.5 m |
| Caudal | 0,9 $m^3$ /s |
| Eficiência teórica da turbina | 80% |
| Energia eléctrica | 8,3 kW |

Fonte: Zotloterer, 2006

### 2.4.1 Vórtice de água

O fluxo de vórtice é definido por uma partícula de fluido que se move em círculos em torno de um centro de massa. Num vórtice, o raio diminui à medida que a velocidade aumenta até que as forças centrífugas sejam maiores do que as forças centrípetas. O fluxo de água é acelerado até atingir uma velocidade elevada, o que lhe confere energia cinética rotacional para gerar energia eléctrica (Massey, 1989).

Para simplificar o cálculo em torno do vórtice livre, todos os estudos anteriores consideraram o vórtice estável, axissimétrico e incompressível. A equação da continuidade (2) e as equações de Navier-Stokes para coordenadas cilíndricas (3, 4 e 5) são utilizadas para descrever o comportamento de um fluido e são descritas por Chen, et al. (2007) da seguinte forma

$$\frac{\partial V_r}{\partial r} + \frac{\partial V_z}{\partial z} + \frac{V_r}{r} = 0 \quad (2)$$

$$V_r \frac{\partial V_\theta}{\partial r} + V_z \frac{\partial V_\theta}{\partial z} + \frac{V_r V_\theta}{r} = v\left(\nabla^2 V_\theta - \frac{V_\theta}{r^2}\right) \quad (3)$$

$$V_r \frac{\partial V_r}{\partial r} + V_z \frac{\partial V_r}{\partial z} - \frac{{V_\theta}^2}{r} + \frac{\partial p}{\rho \partial r} = v\left(\nabla^2 V_r - \frac{V_r}{r^2}\right) \quad (4)$$

$$V_r \frac{\partial V_z}{\partial r} + V_z \frac{\partial V_z}{\partial z} + \frac{\partial p}{\rho \partial z} = g + v\nabla^2 V_z \quad (5)$$

Rankine (1858), foi o primeiro autor a descrever um vórtice de núcleo de ar, o autor apresenta a velocidade tangencial ( $V_\theta$ ) como proporcional à circulação do vórtice *(Γ)* e inversamente proporcional ao raio do tanque. No entanto, Wang, et al (2010) declaram que estas equações descrevem uma distribuição linear no interior do núcleo do vórtice e não é diferenciável em r=rm, onde rm é o raio do núcleo do vórtice.

Odgaard (1986) descreve a velocidade tangencial e a altura manométrica no vórtice do núcleo de ar à superfície livre, assumindo que o vórtice tem um núcleo laminar e que a velocidade radial é proporcional ao raio do tanque *(*$V_r$ *= -kr*). Que Wang, et al.(2010) destacam ser inaplicável em r > rm porque o autor considera r < rm. Odgaard (1986), também descreve a velocidade axial com a condição de que r → ∞, no vórtice. De acordo com Wang, et al. (2010), tanto Rankine (1858) quanto Odgaard (1986) possuem carências na base teórica para descrever o vórtice sobre toda a área.

Considerando isso, o vórtice vertical tem a forma de linhas espirais. Os autores melhoram os modelos anteriores para as velocidades radial, axial e tangencial baseados em Rankine (1858) e Odgaard (1986) no vórtice. No entanto, existe um erro de 14% para a velocidade tangencial, 22,4% para a velocidade radial e para a velocidade axial um erro médio de 21% entre os valores teóricos e experimentais obtidos na sua investigação (Chen, et al., 2007).

Wang, et al. (2010), investigaram um vórtice de núcleo de ar na entrada do sistema hidráulico, como mostra a Figura 2.8. Descrevem três conjuntos de fórmulas para a velocidade tangencial num vórtice de superfície livre, utilizando as equações de Navier-Stokes. Insistem que a sua equação para a velocidade tangencial é melhor do que as equações de Rankine (1858) e de Odgaard (1986). No entanto, os autores apenas mencionam as equações descritas por Chen, et al. (2007) e não apresentam argumentos para acreditar que a sua equação é mais exacta.

Acredita-se que estas diferenças na modelação resultam dos diferentes parâmetros que todos os autores consideraram e do mecanismo que utilizaram para estudar o comportamento do vórtice.

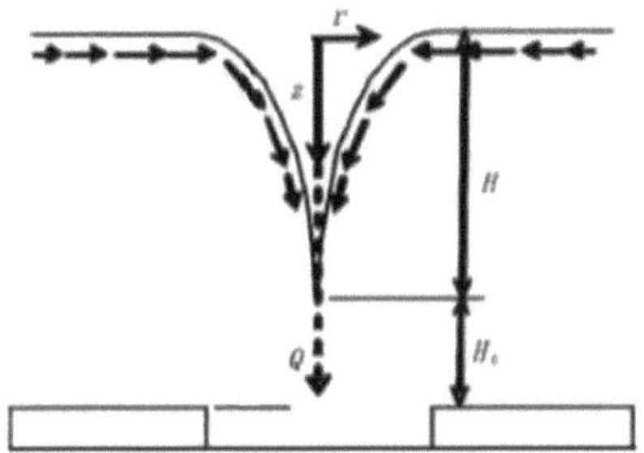

Figura 2.8 - Vórtice de superfície. Fonte: Wang, et al., 2010

Dhakal, et al. (2014) analisam o efeito dos parâmetros dominantes para uma bacia cónica numa central hídrica gravítica, utilizando a dinâmica de fluidos computacional. Obtiveram, por simulação, a relação entre a abertura da bacia e a velocidade de entrada da água na bacia, concluindo que uma pequena área de abertura aumenta a velocidade de entrada. Essa relação é representada pela Equação (6).

$$v = 7.7143b^2 - 4.4457b + 0.809 \quad (6)$$

Onde, $v$ é a velocidade de entrada em m/s e $b$ é a largura de entrada em metros. No entanto, esta equação era ineficiente para ser aplicada numa bacia em espiral e a alturas superiores a 0,7 m. Mulligan e Hull (2010), investigam o projeto e a otimização de uma central hidroelétrica de vórtice de água e sugerem que a força óptima do vórtice ocorre quando o diâmetro do orifício é de 14% a 18% do diâmetro do tanque, para locais de baixa e alta queda, respetivamente. Os autores também descrevem que a potência teórica máxima ideal é dada pela equação abaixo, em que *Hv* é a altura do vórtice, *g* é a gravidade e *p* é a densidade da água.

$$P = \rho g Q H_v \quad (7)$$

Devido à complexidade do vórtice, os mecanismos que causam este fenómeno e o seu comportamento, como a distribuição de velocidade e pressão, não foram descritos com precisão. Neste estudo, todas as equações foram testadas num programa computacional. De facto, como todas as equações fornecem resultados diferentes. Para obter resultados mais fiáveis, devem ser utilizados modelos computacionais que utilizem a dinâmica dos fluidos para descrever o comportamento da água no vórtice do tanque.

## 2.5 Conceção e aerodinâmica

Após a formação do vórtice, a energia cinética fornecida pela velocidade da água é captada pela turbina, que deve ser bem projectada para alimentar o gerador.

O desempenho da turbina está relacionado com o regime de condições de entrada do escoamento (laminar ou turbulento) incompressibilidade ou compressibilidade (dependendo do número de Mach do escoamento), a folga entre o rotor e o cubo, as *palhetas* diretrizes do escoamento, a relação entre os diâmetros do cubo e do rotor (*Dh/Dt*), o diâmetro da turbina, o número de pás e o perfil das pás. Assim, estas variáveis podem ser organizadas em quatro grupos como propriedades termofísicas do fluido, características do escoamento, restrições geométricas e propriedades dos perfis (Dias et al., 2013).

As restrições geométricas incluem a relação entre a altura manométrica e o caudal volumétrico, parâmetros que definem a velocidade angular e a dimensão da turbina. A velocidade específica ($n_q$), relaciona estes três parâmetros e é uma indicação da geometria da turbina e o ponto de partida para o projeto. Este número deve situar-se entre 70 e 300, sendo que valores superiores a 250 tendem a causar uma baixa eficiência e valores inferiores a 70 podem resultar numa menor eficiência e em custos adicionais. Se a velocidade específica for inferior a 70, são indicados tipos alternativos de turbinas como crossflow (Mitchell-Banki), bomba como turbina ou Turgo.

A velocidade específica ($n_q$) é dada pela Equação (8). Em que $N$ está expresso em rev/min, $Q$ em m$^3$ /s, $H$ em m e $n_q$ não tem dimensão.

$$n_q = \frac{N\sqrt{Q}}{H^{0.75}} \qquad (8)$$

Nos casos em que a altura manométrica é baixa e o caudal é elevado, é preferível conceber turbinas paralelas, cada uma funcionando com uma parte do caudal total. Caso contrário, a turbina trabalhará a uma velocidade de rotação mais baixa, o que resultará num tamanho maior. Além disso, duas turbinas mais pequenas a funcionar a uma velocidade mais elevada podem ser economicamente mais viáveis do que uma turbina grande. Se o caudal da turbina variar entre duas estações principais do ano, pode ser possível conceber dois rotores diferentes que possam ser substituídos, um para caudais mais elevados e outro para caudais mais baixos. Ambos os rotores podem ser projectados para funcionar com boa eficiência na mesma caixa, mas é necessário um cuidado adicional no projeto, uma vez que terão velocidades específicas diferentes (Simpson & Williams, 2010).

Para aumentar a eficiência global, o aerofólio da pá deve ser projetado para fornecer valores elevados de elevação. A elevação é causada pela diferença de pressão na pá, que é conseguida quando as curvaturas da superfície na parte superior e inferior são diferentes, como se mostra na Figura 2.9. Outro mecanismo utilizado para gerar sustentação é a inclinação do aerofólio num ângulo relativo à horizontal, o ângulo de ataque permite que o fluxo permaneça fixo em ambas as superfícies (Marzocca, 2009). A forma da pá tem três variáveis: o ângulo de ataque ($\alpha$), a espessura ($t$) e a curvatura ($m$).

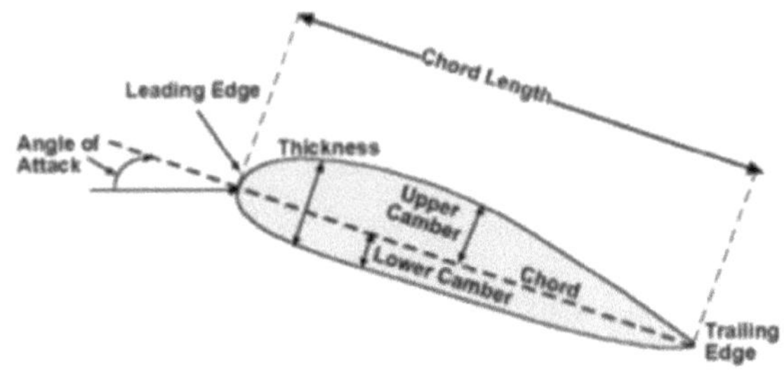


Figura 2.9 - Forma da lâmina. Fonte: Marzocca, 2009

A corda é a linha que liga o bordo de ataque e o bordo de fuga. A curvatura é definida como a distância máxima entre a corda e qualquer uma das superfícies e o comprimento da corda é o comprimento total do aerofólio. A função das pás é utilizar a velocidade da água para criar a velocidade de rotação da turbina.

Os coeficientes axiais e de torque *($C_A$ ,$C_T$ ),* podem ser descritos em função dos coeficientes de sustentação e arrasto *($C_L$ , $C_D$* ). Onde *5* é a solidez e o coeficiente de fluxo pode ser descrito na Equação (11) (Dias et al., 2013).

$$C_A = C_L \cos \alpha + C_D \sin \alpha \quad (9)$$

$$C_T = C_L \sin \alpha - C_D s \cos \alpha \quad (10)$$

$$\phi = \tan \alpha \quad (11)$$

Considerando essas equações, a eficiência aerodinâmica pode ser descrita pela Equação (12) e o torque pela Equação (13). Onde, *W* é a velocidade do escoamento, *p* a densidade da água, *b* é o comprimento e *c* a corda da pá (Dias et al., 2013).

$$\eta = \frac{C_T}{C_A \phi} \quad (12)$$

$$T = \frac{\rho W^2 ZbcRC_T}{2} \quad (13)$$

### 1.1.1Aerofólios NACA

O National Advisory Committee for Aeronautics (NACA) dos Estados Unidos da América desenvolveu, na década de 1930, os aerofólios NACA. A maioria destes aerofólios baseia-se em descrições geométricas simples da forma da secção, utilizando equações analíticas que descrevem a curvatura e a distribuição da espessura da secção ao longo do comprimento do aerofólio.

A primeira família de aerofólios concebida com esta técnica foi a série NACA de quatro dígitos. Este nome é dado de acordo com as suas características, onde o primeiro número é a curvatura máxima em percentagem da corda, o segundo é a posição da distância máxima da superfície à linha central e os dois últimos dígitos fornecem a espessura máxima do aerofólio em percentagem da corda. O NACA de 4 dígitos tem a espessura representada pela Equação 14 (Marzocca, 2009).

$$\frac{y_t}{c} = \frac{t}{c}\left[1.4845\sqrt{x/c} - 0.63\left(\frac{x}{c}\right) - 1.7580\left(\frac{x}{c}\right)^2 + 1.4215\left(\frac{x}{c}\right)^3 - 0.5075\left(\frac{x}{c}\right)^4\right] \quad (14)$$

Onde x/c é a posição da curvatura máxima no sentido da corda, em décimos da corda. A NACA de 4 dígitos foi escolhida para este projeto porque é utilizada para aerofólios simétricos e caudas horizontais, tem uma perda suave e um coeficiente de sustentação máximo mais elevado ($C_{,LMAX}$), UMA RESISTÊNCIA relativamente baixa para um perfil não laminar, um coeficiente de momento ligeiramente negativo no centro aerodinâmico e é de fácil construção. (Ladson, et al., 1996).

O coeficiente de sustentação ($C_L$) e a velocidade na superfície superior são favorecidos pelo aumento da curvatura, que reduz a velocidade na superfície inferior e o gradiente de pressão na superfície superior. Como aumenta o coeficiente de sustentação e o coeficiente de sustentação máximo, aumenta a eficiência aerodinâmica. A espessura é proporcional ao coeficiente de arrasto ($C_D$) em baixas velocidades. Todos estes parâmetros devem ser bem projectados no aerofólio para produzir a sua eficiência máxima.

Nos perfis NACA de 5 dígitos, o posicionamento da curvatura máxima é para a frente, com o objetivo de aumentar a sustentação. A convenção de nomes baseia-se nas características teóricas de projeto do aerofólio. O primeiro número inteiro corresponde à quantidade de arqueamento em termos da magnitude do coeficiente de sustentação de projeto. O segundo e o terceiro números inteiros indicam o dobro da distância entre o bordo de ataque e a localização da curvatura máxima. Os dois últimos números inteiros representam a espessura em percentagem da corda. Um NACA 23015 tem um coeficiente de sustentação de projeto de 0,2, a localização da câmara máxima está 15 por cento atrás do bordo de ataque e o aerofólio tem 15 por cento de espessura.

Os perfis NACA de 5 dígitos têm estol abrupto e $C$ elevado $_{,LMAX}$, baixa resistência para perfil não laminar, coeficiente de momento próximo de zero no centro aerodinâmico, construção mais elaborada, número Mach crítico baixo.

A convenção de nomes dos aerofólios da série NACA 6 é uma combinação da localização da espessura máxima, do tipo de linha média utilizada para gerar a linha da câmara e do rácio de espessura. Um NACA 63-415 terá a sua espessura máxima a aproximadamente 30 por cento da corda, o coeficiente de sustentação de projeto é de 0,4 e o aerofólio tem 15 por cento de espessura. Caracteriza-se por ter um baixo arrasto em grandes regiões laminares, um estol abrupto e um $C_L$ médio$_{,MAX}$, baixo arrasto e baixa rugosidade, um coeficiente de momento ligeiramente negativo no centro aerodinâmico e que varia proporcionalmente ao $C_L$, uma construção elaborada e requisitos de rugosidade pequenos e um número de Mach crítico elevado.

Na Figura 2.10 são apresentados alguns exemplos de aerofólios NACA.

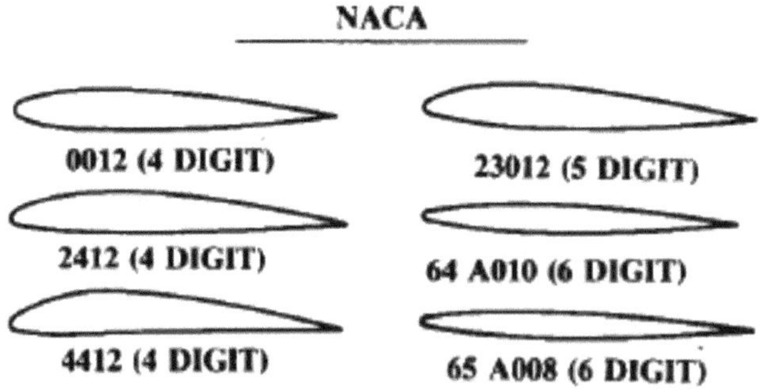

Figura 2.10 - Aerofólios da NACA. Fonte: Raymer, 1995

## 2.6 Equações governantes

A análise numérica foi realizada utilizando o Método dos Volumes Finitos para o controle do volume, o fluido foi tratado como sendo incompressível, e as equações governantes são duas equações principais: equação da continuidade (15) e equação da conservação do momento (16) ou equações de Navier-Stokes com média de Reynols (CARVALHO & DE LEMOS, 2014).

$$\frac{\partial \bar{u}}{\partial x} + \frac{\partial \bar{v}}{\partial y} + \frac{\partial \bar{w}}{\partial z} = 0 \qquad (15)$$

$$\bar{u}_j \frac{\partial \bar{u}_i}{\partial x_j} + \frac{1}{\rho}\frac{\partial \bar{p}}{\partial x_i} = \frac{1}{\rho}\frac{\partial}{\partial x_j}\left[\mu\left(\frac{\partial \bar{u}_i}{\partial x_j} + \frac{\partial \bar{u}_j}{\partial x_i} - \frac{2\delta_{ij}}{3}\frac{\partial \bar{u}_i}{\partial x_i}\right)\right] + \frac{1}{\rho}\frac{\partial R_{ij}}{\partial x_j}$$

(16)

Onde, $R_i$ j é o tensor de Reynolds (termo de turbulência), que pode ser relacionado com o gradiente de velocidade média usando a hipótese de Boussinesq como mostrado na Equação 17 (CARVALHO & DE LEMOS, 2014).

$$R_{ij} = \mu_t\left(\frac{\partial \bar{u}_i}{\partial x_j} + \frac{\partial \bar{u}_j}{\partial x_i}\right) - \frac{2}{3}\left(\rho k + \mu_t \frac{\partial \bar{u}_i}{\partial x_i}\right)\delta_{ij}$$

(17)

As equações apresentadas definem um escoamento turbulento em estado estacionário, para relacionar a viscosidade turbulenta ($\mu_t$ ) e a energia cinética turbulenta (*k*) é utilizado o modelo Standard *k-ε* de turbulência, que pode levar à Equação 17, onde $C_\mu$ é constante e igual a 0,09 (CARVALHO & DE LEMOS, 2014).

$$\mu_t = \frac{\rho C_\mu k^2}{\varepsilon} \qquad (18)$$

O solucionador ajusta a viscosidade efectiva da parede com base na velocidade e nas propriedades do fluido junto à parede para aplicar a Lei da Parede, que é válida se y+

estiver compreendido entre 35 e 350. Como a Formulação Inteligente da Parede é utilizada com k- epsilon, elimina a sensibilidade ao valor de Y+ que desce abaixo da subcamada ($^{+} \leq 35$).

# 3. MATERIAIS E MÉTODOS

Algumas decisões devem ser tomadas antes do início do projeto, como a escolha entre eixo horizontal e vertical, que dependerá da aplicação e da preferência do projetista. Esta decisão é importante porque afectará a disposição da casa de força. Uma disposição de eixo horizontal da turbina permite que uma carga mecânica seja ligada mais facilmente e é mais fácil mudar os rotores se for necessário. Por outro lado, uma disposição de eixo vertical pode reduzir as perdas no tubo de sucção porque não precisa de uma curva de 90 graus. Também pode ter vantagens se for utilizado um gerador de acionamento direto, uma vez que qualquer fuga de água é suscetível de se afastar do gerador e há menos carga axial no veio estendido. Como foi referido anteriormente na introdução, este projeto considerará um veio vertical (Simpson & Williams, 2010).

O projeto da turbina de base foi desenvolvido utilizando as directrizes do "Design of propeller turbine for pico hydro" descritas por Robert Simpson e Arthur Williams (Simpson e Williams, 2010). Seguindo estas directrizes, o primeiro passo é escolher a altura manométrica (*H*) e o caudal volumétrico (*Q*) em que o esquema irá funcionar. Depois disso, é possível, utilizando a Equação (7) e as directrizes, definir *Dh/Dt*, o número de pás e a velocidade específica.

Na Figura 3. 1 é apresentada a metodologia utilizada nos primeiros passos do projeto, conforme descrito em Simpson e Williams (2010). Onde, $v_{w2}$ é a componente tangencial (ou turbilhonamento) da velocidade da água e deve ser positiva.

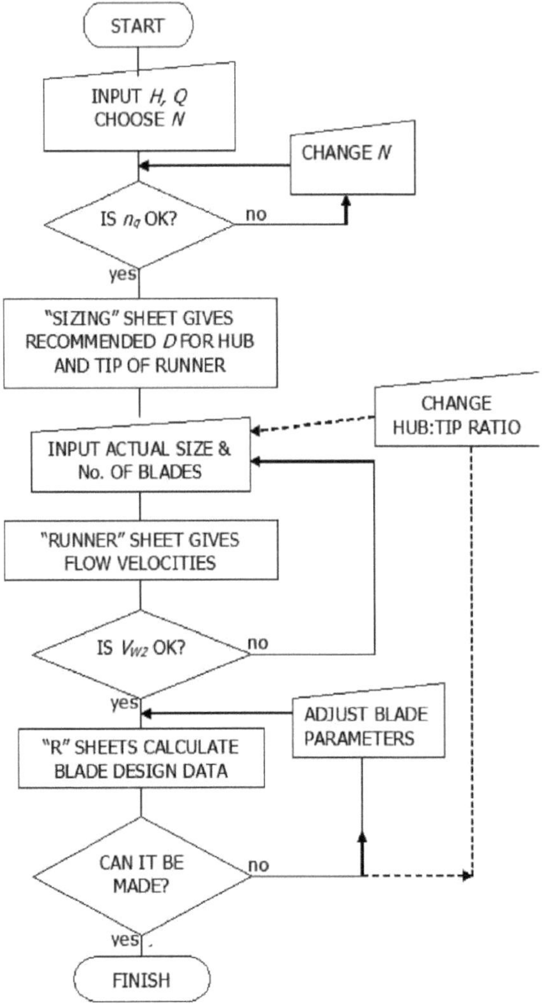


Figura 3. 1- Fluxograma da folha de cálculo de conceção de Simpson & Williams (2010)

Sequencialmente, usando estas directrizes, é viável calcular a espessura ($t$), o ângulo de ataque ($\alpha$) e a curvatura ($m$) com base no passo anterior, na folha de cálculo "R". De posse dos parâmetros básicos de projeto da pá, pode-se gerar um aerofólio no gerador de quatro dígitos NACA (que pode ser acessado em www.airfoiltools.com), para cada seção da pá. O NACA de 4 dígitos foi escolhido para este projeto por ser utilizado para aerofólios simétricos e caudas horizontais (Ladson, et al., 1996).

Os aerofólios NACA são gerados utilizando equações analíticas para descrever a curvatura da curvatura e a distribuição da espessura ao longo do comprimento do aerofólio. O coeficiente de sustentação para as pás do aerofólio também pode ser obtido utilizando o sistema NACA para gerar um aerofólio com base nos dados de previsão obtidos pela Equação (9).

Uma vez que o novo aerofólio é gerado, o software XFOIL 6.9 pode ser usado para calcular um novo coeficiente de sustentação com base no aerofólio NACA, o ângulo de ataque e o número de Reynolds, apresentado na Equação (19), em cada secção da pá. Onde, $W$ é a velocidade de entrada do fluxo relativamente à pá, $L$ o comprimento e $V$ é a viscosidade da água. Para o cálculo da secção transversal de entrada são utilizadas as orientações de Simpson e Williams (2011). Já o raio do tanque foi calculado considerando que o diâmetro de saída é 14% do raio do tanque (Mulligan & Hull, 2010).

$$R_e = \frac{WL}{\nu} \tag{19}$$

Para efetuar uma análise 3D do campo de escoamento ao longo de cada fase da turbina, o volume de controlo é dividido em volumes de controlo mais pequenos, chamados elementos (malha). O método utilizado é o Método dos Volumes Finitos. As equações diferenciais governantes são discretizadas e resolvidas integrando-as em cada célula. Cada variável de interesse está localizada no centro de cada pequeno volume de controlo. Uma vez que os fluxos ao longo de cada face das células são conservados, quantidades como a massa e o momento em todo o domínio também são conservados. O sistema de equações resultante é então resolvido para todo o domínio com as condições de fronteira adequadas previamente impostas (Alves, 2011). A análise 3D realizada num software de dinâmica de fluidos computacional, deve seguir os passos:

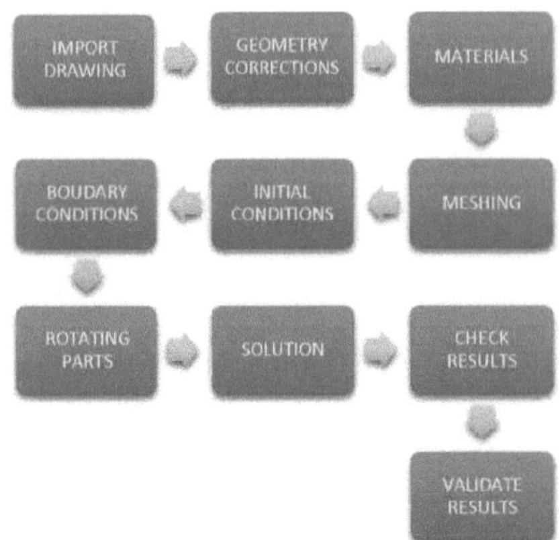


As condições de fronteira podem ter um grande efeito nas simulações computacionais. Um conjunto correto de condições de fronteira é muito importante para obter uma solução fiável, sendo importante escolher as que melhor simulam a realidade. Neste caso, foi imposta uma condição de escoamento volumétrico na entrada do domínio, as condições de fronteira de parede sólida são impostas em superfícies de material como lâminas, caixa, cubo, paredes do tanque. Uma condição de pressão de saída foi imposta na saída do domínio. A turbina foi definida como um material rotativo e com um escoamento. As paredes físicas rotativas no modelo computacional incluem as pás do rotor, bem como a parte do rotor que suporta as pás e que faz parte do cubo. Estas superfícies estão a rodar no referencial estático (Alves, 2011).

Com o objetivo de avaliar o desempenho da turbina, é utilizada uma ferramenta de dinâmica de fluidos computacional (CFD), para simular o seu comportamento sob uma determinada condição, sendo amplamente utilizada para avaliar a eficiência do equipamento e dá, como resultado, a velocidade angular ($\omega$) e o binário ($T$) da turbina.

$$P_{mec} = T\omega \tag{20}$$

*A eficiência da turbina pode ser definida como o rácio entre a* Equação (15), que é a potência mecânica gerada *(*$P_{mec}$ ) pela turbina, e a Equação (7), a potência teórica.

Para efeitos de comparação, o binário teórico e a eficiência aerodinâmica podem ser calculados utilizando as Equações (12) e (13). Obtendo-se a velocidade angular da turbina, é possível escolher um gerador adequado para este fim.

# 4. PROJECTO PROPOSTO

De acordo com as directrizes do "Design of propeller turbine for Pico hydro", as dimensões e parâmetros globais da turbina são apresentados na Tabela 2. Estes valores foram obtidos para satisfazer os parâmetros ecológicos propostos na revisão da literatura, como velocidade de ponta inferior a 6 m/s e caudal volumétrico inferior a 3 $m^3/s$ para evitar cavitação e turbulências extremas. Também para manter a sua configuração de baixa altura, esquema de micro-corrida do rio e uma velocidade específica superior a 75. Estes parâmetros foram seleccionados com base nas teorias apresentadas nas secções 2.2 e 2.3.

Tabela 2: Dimensões gerais da turbina

| **Parâmetro** | **Resultados** |
|---|---|
| Cabeça (m) | 2 |
| Caudal (l/s) | 3,000 |
| Potência teórica (kW) | 56 |
| Velocidade específica | 103 |
| Número de lâminas | 5 |
| Diâmetro do corredor (m) | 0.8 |
| Dh/Dt | 0.72 |
| Diâmetro do cubo (m) | 0.58 |
| Velocidade axial (m/s) | 10.33 |
| Velocidade do cubo (m/s) | 2.72 |
| Velocidade da ponta (m/s) | 4.20 |

Fonte: O Autor

Para fornecer uma série de detalhes sobre o desenho da pá, o aerofólio é dividido em seis secções. A primeira secção representa a ponta e a última secção representa o cubo. A Tabela 4 fornece os valores do raio ($R$), da corda ($L$), do passo da pá ($x$), do número de Reynolds, do ângulo de ataque ($\alpha$), da curvatura (%) e do ângulo real de ajuste da pá ($\beta$) para todas as secções com uma espessura constante de 6%. Na última linha da Tabela 3, o aerofólio NACA de 4 dígitos é escolhido com base na curvatura e na espessura.

Tabela 3: Dimensões da lâmina

| **Secção** | **1** | **2** | **3** | **4** | **5** | **6** |
|---|---|---|---|---|---|---|
| R (mm) | 110 | 101.75 | 93.5 | 85.25 | 81.125 | 77 |

| x (mm) | 138 | 128 | 117 | 107 | 102 | 97 |
|---|---|---|---|---|---|---|
| L (mm) | 220 | 200 | 160 | 140 | 130 | 120 |
| α ( )° | 1.25 | 2 | 2.75 | 4.5 | 6.5 | 9 |
| Camber | 3 | 4 | 5 | 7 | 8 | 9 |
| β ( )° | 21 | 22 | 24 | 26 | 26 | 26 |
| Aerofólio | 3506 | 4506 | 5506 | 7506 | 8506 | 9506 |

Fonte: O Autor

As pás têm uma área de superfície igual a 3,13451 $m^2$ , cada uma com 0,163 m2 e 0,10342 $m^3$ de volume, como o raio é de 400 mm, a área total da turbina é de 0,50 m2. A solidez é definida como o número de pás vezes a sua área de superfície pela área total da turbina, resultando em 1,62 de solidez. Considerando estes coeficientes, o binário teórico é de 13.788kN e a eficiência aerodinâmica é de 65,15%. A Figura 4.1, mostra a vista lateral da turbina e suas dimensões, sem o comprimento do cubo.

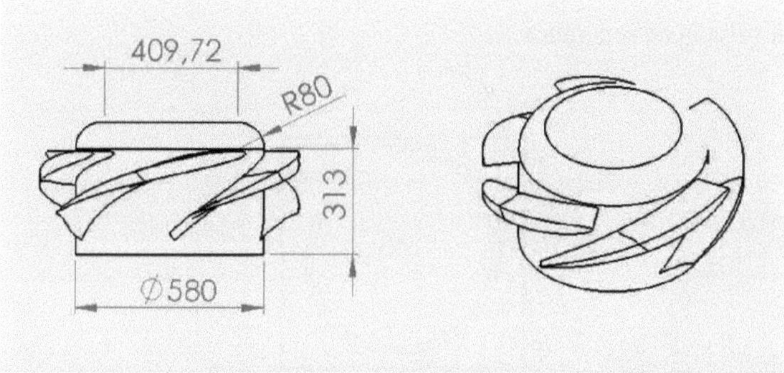


Figura 4.1- Vista lateral e isométrica da turbina (em milímetros). Fonte: O Autor

O bordo de ataque ou o espaço entre as pás é igual a 33 mm, o que pode permitir a passagem de ovos, larvas e juvenis de peixes através da turbina. Os pormenores sobre a geometria, o comprimento, o ângulo de ataque e o ângulo de regulação das pás são apresentados no Apêndice A, que mostra os seis aerofólios.

De acordo com as directrizes do 'Design of propeller turbine for pico hydro' e com a Equação 6 e a secção 2.4.1, as dimensões globais do tanque foram calculadas de forma a criar um vórtice livre. O reservatório tem um raio de 2,85 metros, uma altura manométrica de 2 metros e um diâmetro de orifício de 845 mm, como se mostra na Figura 4.2.

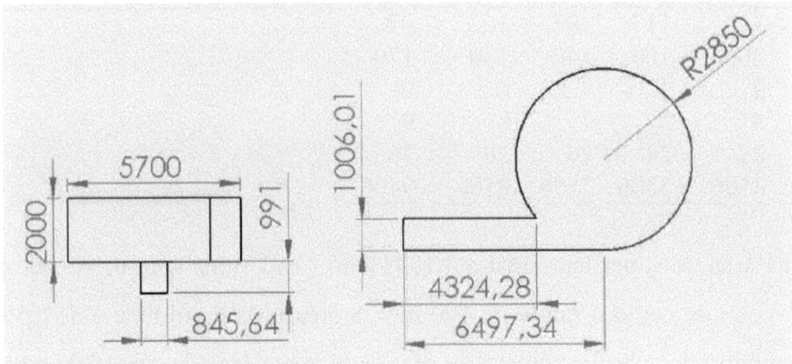


Figura 4.2- Dimensões totais da cisterna (em milímetros). Fonte: O Autor

O equipamento experimental foi desenvolvido num protótipo como mostra a Figura 4.3 - Tanque protótipo. Foi utilizado um tanque metálico com a seguinte descrição, uma bomba com capacidade de 200 litros por segundo, um medidor de caudal volumétrico e uma válvula de segurança.

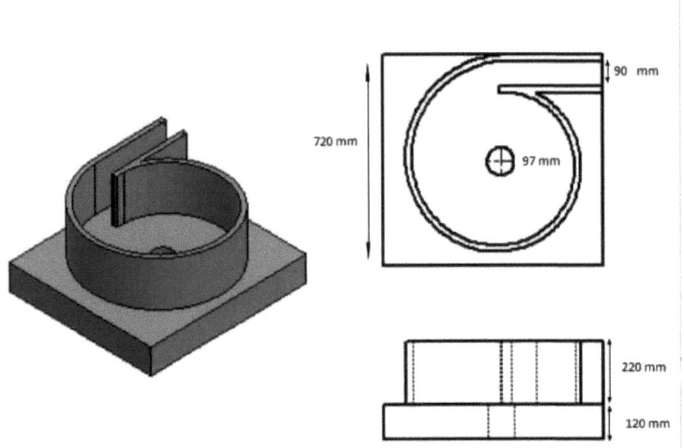


Figura 4.3 - Tanque protótipo

# 5. RESULTADOS E DISCUSSÃO

## 5.1 Convergência da solução

A convergência de cada simulação deve ser avaliada considerando um valor baixo de resíduos, neste caso os resíduos foram fixados em $10^{-8}$ . A convergência também foi considerada alcançada se outros parâmetros computacionais integrais estabilizassem em torno de valores constantes e isso acontecesse antes que os valores residuais atingissem os valores alvo.

Cada aerofólio foi avaliado separadamente para gerar os coeficientes de sustentação, arrasto, binário e axial, como se apresenta na Tabela 4. A eficiência do aerofólio é proporcional aos coeficientes de sustentação e de binário, como se pode ver na Tabela 4. Todos os coeficientes aumentam com o raio, onde o ângulo de ataque é maior que a curvatura.

Tabela 4 - Parâmetros do aerofólio

| | CL | CD | TC | CA |
|---|---|---|---|---|
| NACA3506 | 0.5262 | 0.00452 | 0.0042035 | 0.5259762 |
| NACA4506 | 0.7315 | 0.00546 | 0.0167437 | 0.7308638 |
| NACA5506 | 0.9332 | 0.00717 | 0.0332428 | 0.9317813 |
| NACA7506 | 1.3283 | 0.01026 | 0.0877495 | 1.3234003 |
| NACA8506 | 1.3906 | 0.02611 | 0.1156535 | 1.3787053 |
| NACA9506 | 1.6235 | 0.05079 | 0.1732062 | 1.5955667 |

Fonte: O Autor

Como foi possível observar na secção 2.5, a eficiência aerodinâmica aumenta com o coeficiente de binário, que é proporcional ao coeficiente de elevação e inversamente proporcional ao coeficiente de arrasto.

## 5.2 Avaliação Vortex

Com base nas equações apresentadas na revisão da literatura e na metodologia, foram calculadas as velocidades no vórtice. Considerando uma altura manométrica de 2 metros, um caudal volumétrico de 3.000 l/s e um modelo de turbulência k-epsilon, o vórtice é realizado num software de dinâmica de fluidos computacional como se mostra na Figura 5.1, o modelo tem 1.444 nós e 6.631 elementos, foi obtido usando CFD (Mohammadi e Pironneau, 1993). O desempenho do vórtice pode ser visto online em www.youtube.com/watch?v=Y8hBN4FIF70.

Figura 5.1- Malha de Vórtices Livres. Fonte: O AUTOR

A Tabela 5 apresenta os resultados obtidos da simulação CFD, onde se mostra o seu número de Reynolds e Mach, confirmando que o escoamento é turbulento e incompressível. A Tabela também apresenta a pressão e as velocidades máximas nos eixos x, y e z.

Tabela 5 - Resultados do vórtice

| Variável | Valor máximo |
|---|---|
| Vx (m/s) | 26.76 |
| Vy vel (m/s) | 6.21 |
| Vz vel (m/s) | 16.94 |
| Número Mach de saída | $4.22\ 10^{-7}$ |
| Número de Reynolds | $4.02\ 10^{6}$ |

Fonte: O Autor

### 5.3 Avaliação do desempenho do regime

Considerando as mesmas condições de fronteira que na secção 4 e um modelo de turbulência k-epsilon, o vórtice é realizado num programa informático de dinâmica de fluidos. O modelo tem 8 520 nós e 40 199 elementos, como se mostra na Figura 5.2 (Mohammadi e Pironneau, 1993).

O número de Reynolds global aumentou para 2.104.860 e o número de Mach é agora $1{,}13\ 10^{-7}$, mantendo o vórtice turbulento e incompressível. É importante notar que, a velocidade da secção transversal de entrada é de 1,51 m/s no eixo x. No entanto, a velocidade de entrada no fundo é de 7,11 no eixo y, o que representa um aumento de 4,71 vezes na velocidade da água.

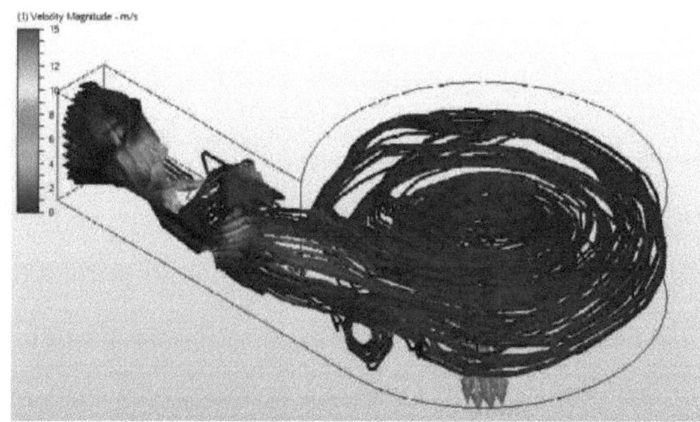

Figura 5.2- Vórtice livre. Fonte: O Autor

Considerando esta configuração, a turbina funcionará a 100 rpm, com um binário igual a 3.018,79 Nm no eixo y, resultando em 31,61 kW e uma eficiência de 56,45%. A título de comparação, uma turbina Kaplan a trabalhar com uma velocidade específica de 103 tem uma eficiência de 92%.

## 5.4 Avaliação do desempenho do sistema num sítio real

Observou-se que a vazão volumétrica deve permanecer constante, a fim de preservar as características amigáveis do sistema hidrelétrico e também para manter seu nível de eficiência. Considerando que normalmente a vazão nos rios varia durante as estações do ano, a fim de investigar até que ponto a vazão volumétrica pode ser alterada sem prejudicar seu desempenho e padrões ambientais, todo o sistema é simulado usando dados reais do rio das Pedras, em Cubatão, Brasil.

A região do rio das Pedras representa uma área importante quanto à representatividade da ictiofauna da parte média da bacia do rio Paraíba do Sul, abrangendo 40% das espécies que ocorrem na bacia. Vários grupos de espécies de peixes, de distribuição restrita, que exigem alta qualidade de água são encontrados na região, demonstrando a necessidade de boas condições ambientais deste rio. Além disso, *Brycon opalinus*, espécie endêmica listada como ameaçada de extinção, utiliza o rio das Pedras como corredor de migração e área de desova, sendo uma das poucas áreas da bacia onde esta espécie mantém uma população reprodutiva estável (De Britto, et al.,2014).

Em funcionamento natural, o local apresenta o seguinte perfil de caudal volumétrico, na Figura 5.3 e uma média de 3,59 $m^3$/s, estes dados foram recolhidos do ONS, Operador Nacional do Sistema Elétrico (Operador Nacional do Sistema, 2008).

Em particular, este rio tem um caudal volumétrico máximo, no verão, de 5,87 m3/s. Isto poderia causar cavitação e turbulência extrema se o sistema estivesse fechado. No entanto, como o vórtice é de superfície aberta, as quedas de pressão podem ser evitadas. Para evitar velocidades de ponta superiores a 6 m/s, a velocidade angular deve manter-se abaixo das 143 rpm.

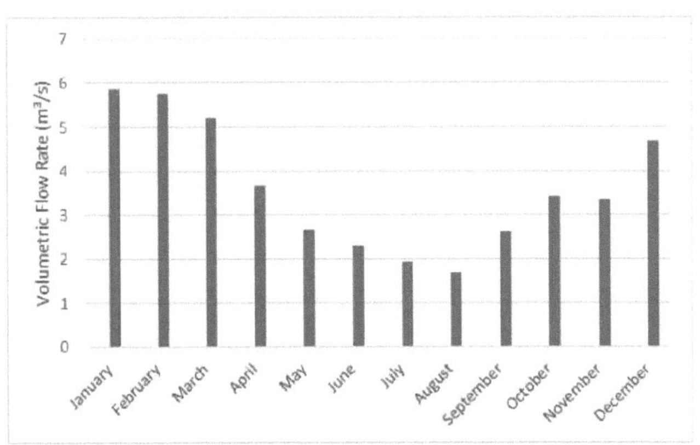

Figura 5.3 - Perfil de caudal volumétrico. Fonte: (Operador Nacional do Sistema, 2008).

Com base no perfil do caudal volumétrico, a potência disponível no rio é de 70,27 kW em média anual. A Figura 5.4 mostra a variação anual da potência disponível no rio e a potência que poderia ser gerada utilizando a central hidráulica proposta.

Considerando este local específico, podem ser gerados mensalmente 31,89 kW, com uma eficiência média de 45,4%. Isto equivale a 115,128 MWh/ano e poderia abastecer 145 casas com 157 kWh/mês (Founier e Penteado, 2010). A eficiência para este caso está próxima da eficiência calculada para o projeto da turbina de 56,45%. Observou-se que a eficiência não se mantém constante, mas é proporcional ao caudal volumétrico.

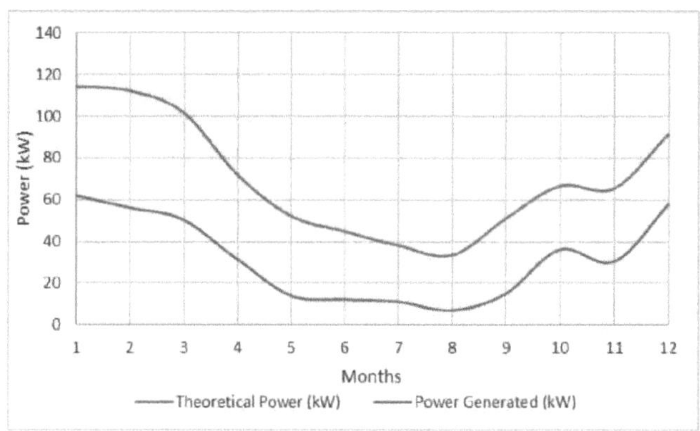


Figura 5.4 - Potência Disponível e Gerada. Fonte: O Autor

# 6. CONCLUSÃO

Com a realização deste estudo foi possível compreender a importância dos projectos hidroeléctricos amigos do ambiente. No entanto, notou-se uma falta de informação quantitativa sobre os parâmetros de conceção de turbinas amigas dos peixes. É evidente que devem ser realizados mais estudos ambientais para colmatar esta falta de informação, a fim de melhorar os projectos de turbinas. A existência de dados quantitativos sobre os mecanismos causadores de danos ajudaria a desenvolver critérios de desempenho para os fabricantes de turbinas que projectam turbinas mais amigas dos peixes.

Observou-se que a vazão volumétrica deve ser mantida constante, a fim de preservar as características amigáveis aos peixes do esquema hidrelétrico e também para manter os níveis de eficiência. A variação de vazão avaliada no rio das Pedras não interfere nas características amigáveis aos peixes. Por outro lado, a eficiência diminui com o aumento da vazão volumétrica. O aumento da vazão volumétrica é mais saudável para os peixes, como citado por Odeh (1999), e também para a produção de energia. No entanto, o rotor deve manter-se abaixo das 190 rpm para evitar o embate das pás.

Com base na informação disponível, é razoável concluir que esta nova turbina melhorará a sobrevivência dos peixes e contribuirá para um desenvolvimento sustentável da sociedade. No entanto, a avaliação do desempenho da turbina e também das taxas de sobrevivência dos peixes pode ser estudada em profundidade, se for possível construir e testar um modelo.

# 7. Referências

Agostinho, A. A., Jûlio, H. F. & Borghetti, J. R., 1989.

Considerações sobre os impactos dos represamentos na ictiofauna e medidas para sua atenuaçao, um estudo de caso: reservatório itaipu. Curitiba, s.n., pp. 89-108.

Alves, J. S., 2011. Análise experimental e CFD de uma Turbina de Poços biplana para aproveitamento da energia das ondas (Tese de Mestrado, Royal Institute of Technology).

Binder, A. & Schneider, T., 2005. Geradores síncronos de ímanes permanentes para conversão regenerativa de energia - estudo. Universidade de Tecnologia de Darmstadt, pp. 1-10.

Bohl, W., 1991. Stromungsmaschinen, Berechnung & Konstruktion. Vol.2 ed. s.l.: Vogel Buchverlag.

BRANDT, S. & GILLIAM, F., 1995. Metodologia de análise de projeto para aeronaves movidas a energia solar. JOURNAL OF AIRCRAFT, 32(4), pp. 1-7.

Callum Coats, 1996. Schauberger Information, Bath: Nexus.

Carvalho, P. H., & de Lemos, M. J., 2014. Transferência de calor laminar passiva através de cavidades porosas usando o modelo de não-equilíbrio térmico. Numerical Heat Transfer, Part A: Applications, 66(11), 1173-1194.

CHEN, Y., WU, C., WANG, B. & DU, M., 2012. Simulação Numérica Tridimensional de Vórtices Verticais na Entrada Hidráulica. s.l., Conferência Internacional de Engenharia Hidráulica Moderna.

Chen, Y.-l., WU, C., YE, M. & JU, X.-m., 2007. Características hidráulicas do vórtice vertical em entradas hidráulicas. Journal of hydrodynamics, 2(19), pp. 143-149.

Deng, Z. et al., 2006. Evaluation of blade-strike models for estimating the biological performance of Kaplan turbines. Ecological Modeling, Issue 208, pp. 165-176.

Dhakal, S. et al., 2014. Efeito dos parâmetros dominantes para a bacia cónica: Usina de energia de vórtice de água gravitacional. Pulchowk, Instituto de Engenharia.

ELETROBRAS, 2013. Relatório Anual de Sustentabiblidade. Rio de Janeiro, Eletrobras - Centrais Elétricas Brasileiras S.A.

Agência do Ambiente, 2013. Guidance for run-of-river hydropower. Bristol, Reino Unido, Agência do Ambiente.

Halls, A. & Kshatriya, M., 2009. Modelação dos efeitos cumulativos das barragens hidroeléctricas a montante na população de peixes migratórios na bacia do baixo Mekong. MRC Techinical Paper No. 25, p. 101 pp.

Agência Internacional da Energia, 2012. Roteiro da tecnologia Hydropoer. Paris, OCDE/AIEA.

Keller, J., G., M. & Boes, R. M., 2014. Medições PIV de vórtices de entradas de aircore. Flow measurement and Instrumentation, Issue 40, pp. 74-81.

Kibel, P. & Coe, T., 2011. Archimedeam Screw risk assessment: strike and delay probabilities, s.l.: FISHTEK Consulting.

Ladson, C. L., Brooks, C. W., Hill, A. S. & Sproles, D. W., 1996. Computer Program To Obtaind Ordinates for NACA Airfoils. Virginia, NationalAeronautics and Space Administration, Langley Research Center.

Larinier, M., 2001. Questões ambientais, barragens e migração de peixes. In: F. F. T. P. 419, ed. Barragens, peixes e pescas.

Opportunities, Challenges and Conflict Resolution. s.l.:s.n., pp. 45-89.

LI, H.-F. & CHEN, H.-x., 2008. Investigação experimental e numérica do vórtice de superfície livre. Journal of Hydrodymanics, 4(20), pp. 485-491.

MASSEY, B., 1989. MECÂNICA DOS FLUIDOS. 6ª ed. Londres: CHAPMAN AND HALL.

Meyers, J. M., Fletcher, D. & Dubief, Y., n.d. Lift and Drag on an Airfoil. s.l., ME 123: Laboratório de Engenharia Mecânica II: Fluidos.

Ministério do Planejamento, 2013. Eixo Energia. In: PAC 2 - 7° BALANÇO janeiro/abril/2013. Brasília: Imprensa Nacional, pp. 68-105.

MOHAMMADI, B. & PIRONNEAU, O., 1993. Análise do modelo de turbulência k-epsilon.

Mulligan, S. & Hull, P., 2010. Design and Optimisation of a Water Vortex Hydropower Plant. s.l., Sligo Institute of Technology.

Comité Consultivo Nacional para a Aeronáutica, 2015. Airfoil Tools. [Em linha] Disponível em: http://www.airfoiltools.com/ [Acedido em janeiro de 2015].

Nechleba, M., 1957. Turbinas hidráulicas, seu projeto e equipamento. 1.ª ed. Praga: Artia.

Odeh, M., 1999. A sumary of Environmentally Friendly Turbine Design Concepts. Idaho, U.S. Department of Energy Idaho Operations Office.

Odgaard, A. J., 1986. Free-Suface Air Core Vortex. Jounal of Hydraulic Engineering, ASCE, 112(7), pp. 610-620.

Operador Nacional do Sistema, 2008. Atualizaçao de séries históricas de vazôes periodo de 1931 a 2007, Rio de Janeiro: s.n.

Ploskey, G. R. & Carlson, T. J., 2004. Comparision of BladeStrike Modeling Results with Empirical Data (Comparação dos resultados da modelação BladeStrike com dados empíricos). Washington, Laboratório Nacional do Noroeste do Pacífico - Departamento de Energia dos EUA.

RANKINE, W. J. M., 1858. Manual of applied Mechanics. London: C. Griffen Co.

RAYMER, D., 1995. Aircraft Design: A Conceptual Approach. Washington, DC: AIAA.

Robson, A., Cowx, I. G. & Harvey, J. P., 2011. Impact of run-of- river hydro-schemes upon fish population. Endinburgh, sniffer.

Simpson, R. & Williams, A., 2010. Projeto de turbinas de hélice para pico-hídricas. [Em linha] Disponível em: www.picohydro.org.uk [Acedido em novembro de 2014].

Wanchat, S. & Suntivarakorn, R., n.d. Preliminary Design of a Vortex Pool for

Electrical Generation. Tailândia, Universidade de Khon Kaen.

Wang, Y., Jiang, C. & Liang, D., 2010. Investigação do vórtice de núcleo de ar em entradas hidráulicas. Journal of Hydridynamics, pp. 673678.

Yaakob, O., Ahmed, Y. M., Elbatran, A. H. & Shabara, H. M., 2014. Uma revisão sobre sistemas de energia e turbina de vórtice de gravitação micro-hidráulica. Journal Teknologi, pp. 1-7.

ZOTLOTERER, 2006. Usina de Vórtices Gravitacionais. Disponível em (http://www.zotloeterer.com/). Acesso em 25/10/2014. Áustria, ZOTLOTERER - Smart Energy Systems.

# Apêndice A - Aerofólios

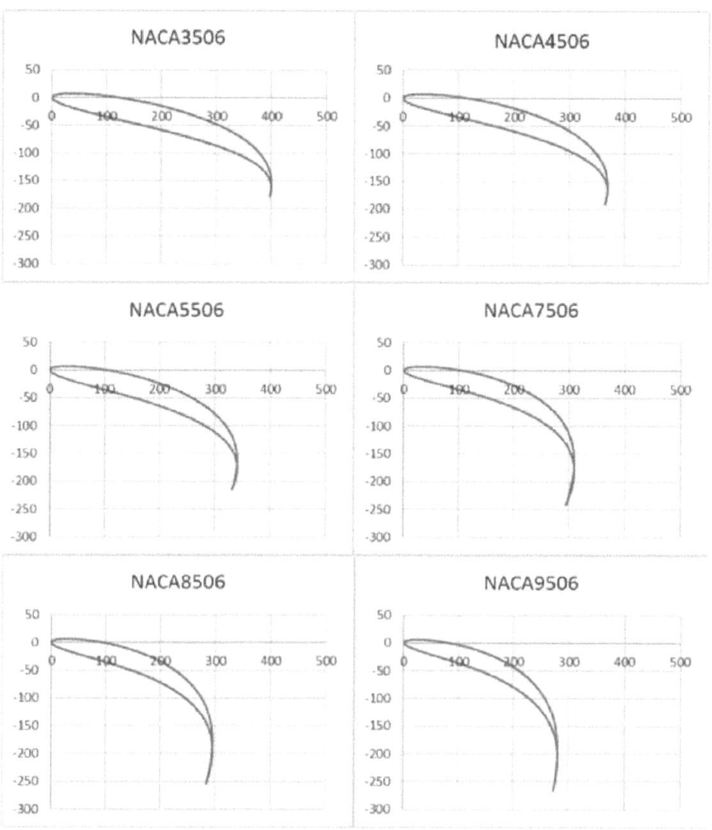


Source: The Author

Printed by Books on Demand GmbH, Norderstedt / Germany